U0170663

鸢飞戾天鱼跃于渊
如果你是醒了，推开窗子
看这满园的欲望多么美丽
祝小朋友和大朋友们
开卷有益

余世存
壬寅寒露

献给小墩儿

余世存给孩子的时间之书

余世存—著
花农女—绘

中信出版集团 | 北京

图书在版编目（CIP）数据

余世存给孩子的时间之书. 冬 / 余世存著 ; 花农女绘. -- 北京 : 中信出版社 , 2022.11
ISBN 978-7-5217-4788-1

Ⅰ. ①余… Ⅱ. ①余… ②花… Ⅲ. ①二十四节气—少儿读物 Ⅳ. ① P462-49

中国版本图书馆 CIP 数据核字 (2022) 第 177526 号

余世存给孩子的时间之书：冬

著　　者：余世存
绘　　者：花农女
出版发行：中信出版集团股份有限公司
（北京市朝阳区惠新东街甲4号富盛大厦2座　邮编　100029）
承 印 者：河北彩和坊印刷有限公司

开　　本：787mm × 1092mm　1/24　　印　　张：5.25　　字　　数：48千字
版　　次：2022年11月第1版　　印　　次：2022年11月第1次印刷
书　　号：ISBN 978-7-5217-4788-1
定　　价：37.00元

推荐序

世存给孩子的时间之书，不仅是写给孩子们的游艺作品，也是给家长、老师等大人们四时八节的时礼。作者通过一百多场情景对话短剧，把一年时间中的节气文化、历史、习俗做了一个全面而综合的介绍，这部书的常识性和人文主义色彩是罕见的。据说，这部书是疫情隔离时期的产物，可以说它是时代的产物，有着对时代社会的安顿和超越。

时代是人生存的前提，这让很多人赖上了时代，因此吃瓜、躺平、焦虑、等待。我曾经说过，我不认为有什么困难能让人焦虑、抑郁，甚至产生精神问题。如果把时代放在大时间尺度之中，把一年放在一世、一甲子、一百年的尺度之中，模糊的暧昧的当下都是可以确定的、应该珍惜的，应该只争朝夕。

世存的这部作品不属于等待一类，它有着真实不虚的确定性。一年时间中的天地自然背景，仍确定地在我们身边等待我们去发现、去对话互动。世存多年来投入对“中国时间”的研究，成果丰硕，在此基础上写作本书，深入浅出，举重若轻，他将国人或外人“不明觉厉”的节气文化讲解得生动易懂。他用家人、朋友之间的场景互动来观察一年时间的演化，本身具有励志性、成长性，整部作品洋溢着难得的温情和人道情怀，让人读来多有感动。

尽管天气冷暖反常，温室效应和海平面上升让人不安，但节气时间仍有丰厚的内容可以滋养我们，甚至如作者所展示的，我们当代人在这一具体而微的时间尺度中仍可以创造出新的节气文化。用流行的话说，节气不仅有巨大的存量，还有无限的增量。

世存的“中国时间”系列，其影响有目共睹。不少人引用过他在《时间之书》中的句子：“年轻人，你的职责是平整土地，而非焦虑时光。你做三四月的事，在八九月自有答案。”但我更注意到他挖掘出古代天文学的术语，即五天时间称作微，十五天时间称为著。见微知著原来有这样天文时间的含义。天气三微而成一著，我们乡下农民所说的见物候而知节气，原来如此，本来如此。

有些朋友注意到世存治学范围的调整，对一些领域的涉足，与其说转向，不如说是丰富。作者是少有的能对历史和当代社会提供总体性解释的学人，是谈论中外文化而能让人信任的学人，这反证作者为人为学的真诚。的确，有一些领域因为作者的介入而真正激活了，只要读过作者的文字，就会相信文如其人——温和而坚定，包容而自省。现在，作者为人们提供了这样一部更亲切的二十四节气，我相信这部书的经典价值，它将参赞我们人类日新又新的节气文化。

是为序。

俞敏洪

余老师说“冬”

冬天属于老年。

冬天是贞[①]。这是贞定的季节，是终点。

冬天是藏。是保藏生命种子的季节，白茫茫大地真干净。在一无所有中，生命的种子蕴藏其中。人们说，万物生于有，有生于无。

冬天是智。冬天意味着岁月、阅历、智慧。冬天的声音是羽音[②]，就像是一个智慧的老人的声音，慢条斯理，要言不烦。古人说，闻羽音使人整齐而好礼。

冬天的六个节气考验我们的意志。立冬、小雪训练了我们的味觉，大雪、冬至检验了我们的体能，我

---

① 贞：品行端正，坚定不变。

② 羽音：中国古乐的基本音为宫、商、角、徵、羽五音。五音不仅是声音，也是万事万物的规律或基本属性，羽音代表冬季，有藏、敛、贞定的功能。

们的身体触觉到严寒天气，小寒、大寒训练了我们的意志力。从春到冬，节气时间再度强化并拓展我们的感觉。从春天开始的正心诚意、夏天的修身齐家，到秋天的国家社会、冬天的天下，这个家国天下情怀完成了一轮过程。

冬天的时间相当于晚上九点到凌晨两点，相当于人生七八十岁的年龄，是人生最后的时光。从春天学生，夏天学长，秋天学收，到冬天学藏。真正的藏，是把所有不重要的东西抛掉，珍藏起希望的种子，让来年的春天更美丽。

冬天属于学者。学术是人类心智的最高结晶。冬天是要让自己的学问修习得更深入更广博的时候，是让自己能体察他人感受、把天下人的愿景当作自己责任的时候。哪怕到了最艰难的时刻，都保有一颗坚毅之心。待到春天东风起时，它便会生根发芽。

目录

大雪

冬至

小寒

大寒

立冬

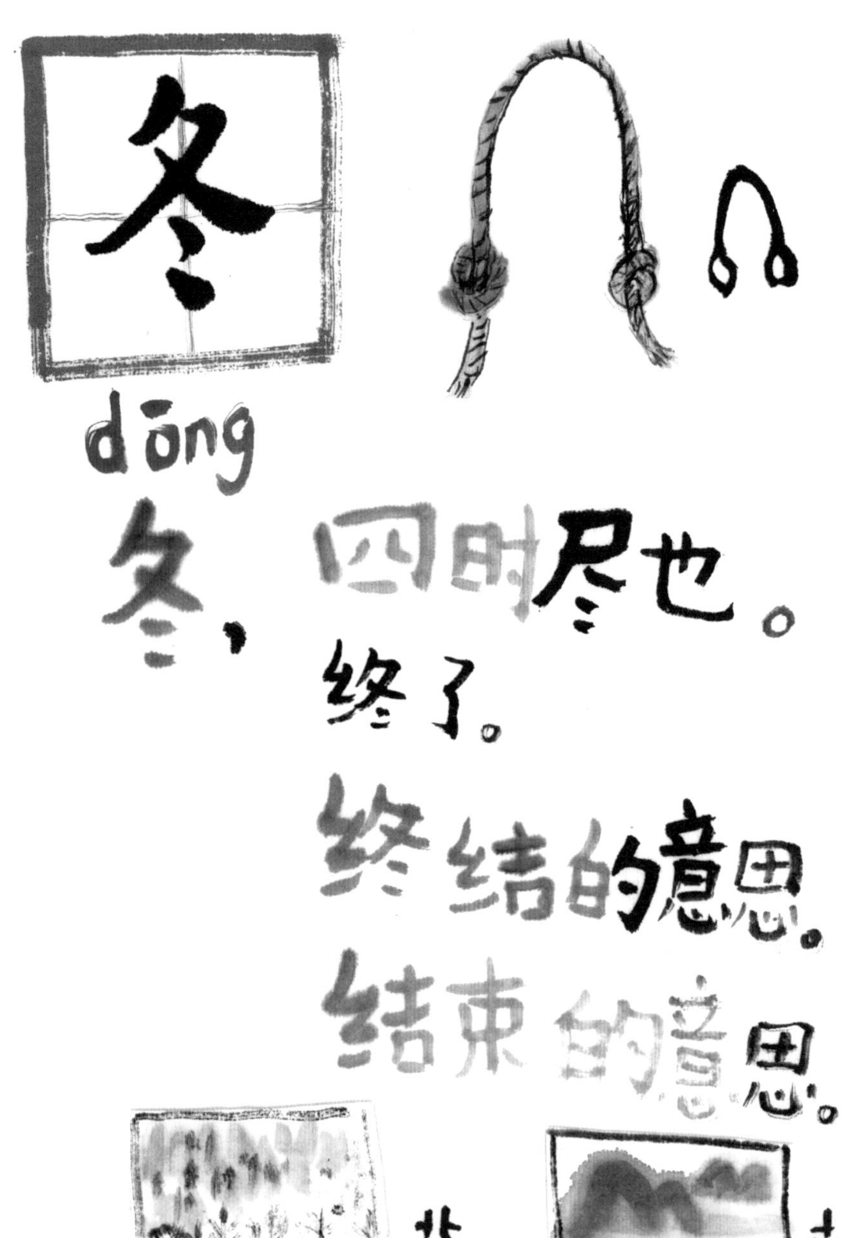

北方

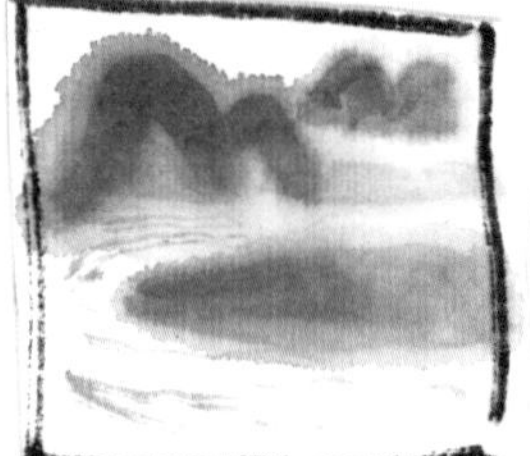

南方

一 冬之终

冬天来临了。

这一天，小君还穿着秋衣，爸爸和余叔叔都已经穿上了羽绒服。看着他们俩鼓鼓囊囊的样子，小君说，爸爸、余叔叔，你们真好玩，穿得跟熊一样。

爸爸说，你们小孩子火力壮，就是要冻，我们年纪大了，不能受冻，到什么季节穿什么衣服。

小君问，冬这个字除了表示季节，还能怎么解读呢？

余叔叔解释说，冬是终结的意思，结束的意思。会针线活儿的人在线两端都打上结，这就是冬的形象。但它后来被借用，指一年的最后一个季节。原本的意思就由冬字加一个绞丝旁，变成了终。

小君说，我知道了，东西掉在地上，咚的一声，这个咚字也有结束的意思。

爸爸接着说，一般人以为冬天的气温都在零下，其实五天的平均气温在 10℃以下就是冬天了。当然，我们中国南北方温差大，当北方已是天干物燥、万物凋零、寒气逼人时，华南地区仍是青山绿水、鸟语花香、温暖宜人。

小君说，刚才小广跟他视频时还穿着短袖呢。

二 冬之相

小君跟爸爸聊起冬天的形象。

爸爸说，这个形象分好多种，我听余叔叔讲过，冬天的声音、颜色、味道也都有特点。

小君说，我知道冬天的味道是什么，就是咸味，重口味。我也知道冬天的颜色是什么，是灰色，整个世界要么是下过雪后的白色，要么是灰蒙蒙一片的灰色。因为白色是秋天的颜色，所以我猜冬天的颜色是灰色。

我是冬天！

爸爸说，在五颜六色中，灰色还算不上是冬天的颜色。严格来说，冬天的颜色是黑色，古人叫玄色。老子说，**玄之又玄，众妙之门**。

小君说，冬天既是终结，又是开始，对吧。

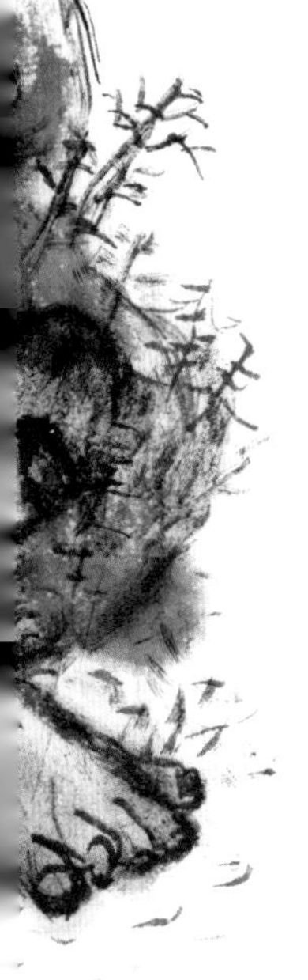

爸爸说，是的。我们说过春天是一年的开始，但冬天能决定这个开始，所以冬天很重要，我们猫冬不是为了消磨时间，而是为春天做准备，这样明年春天才有更好的开始。至于声音嘛，宫商角徵羽，冬天的声音是羽音。

小君问，羽音是不是一种轻柔得像羽毛的声音？

爸爸说，真正的羽音仍是有分量的，古人说过，闻羽音使人整齐而好礼。

小君说，怪不得冬天的节日有很多，礼节也多。

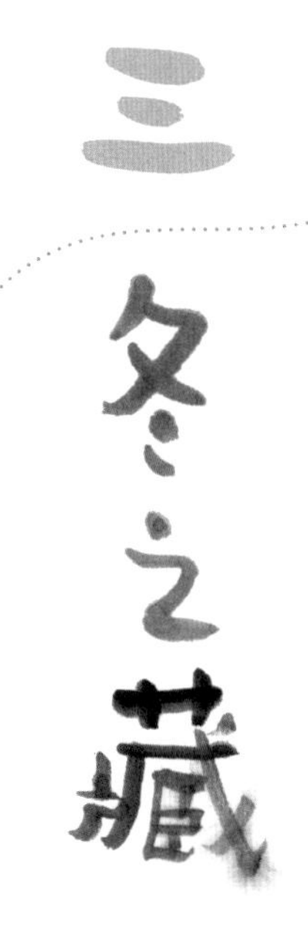

三 冬之藏

父子俩聊着天，余叔叔带着小墩儿来串门儿。

小君说，余叔叔、小墩儿，你们来得正好，我和爸爸正在聊冬天呢。对了，余叔叔，我还想知道，冬天有什么需要注意的吗？

余叔叔说，**春夏秋冬意味着生长收藏，春天学生、夏天学长、秋天学收，到了冬天就是学藏了。**

小君说，藏意味着什么呢，躲起来吗？

余叔叔说，不是躲，而是回到自己的世界，明心见性。学生、学长，都是向外的，学收、学藏是向内的。藏就是低调、内敛、功成身退，就是在冬天太阳的光和热不那么充足的时候，减少消耗，自己成为光和热。

小君说，这么说来，学藏也是学习成为宝藏的意思。

余叔叔说，是的，小君有一双慧眼，能透过事物的表面看到本质，这本领很了不起，孙悟空的火眼金睛也有这个意思。

双十一在立冬节气，爸爸说是“光棍节”，妈妈说是购物节。艾米的妈妈是网店店主，推荐了好多物美价廉的店铺。小君问爸爸妈妈怎么会有这么一个节日？

爸爸解释说，可能只是一种巧合，但也巧合得合理。“光棍节”意味着独立性要很强，因为从立冬开始天地不交流，各自处在独立的状态。

至于妈妈说的购物节购物，也是好多人冬天都会做的事情。当然我们更有立冬补冬的习俗。从衣服到

醉看墨花月白，
恍疑雪满前村。

立冬：

唐·李白

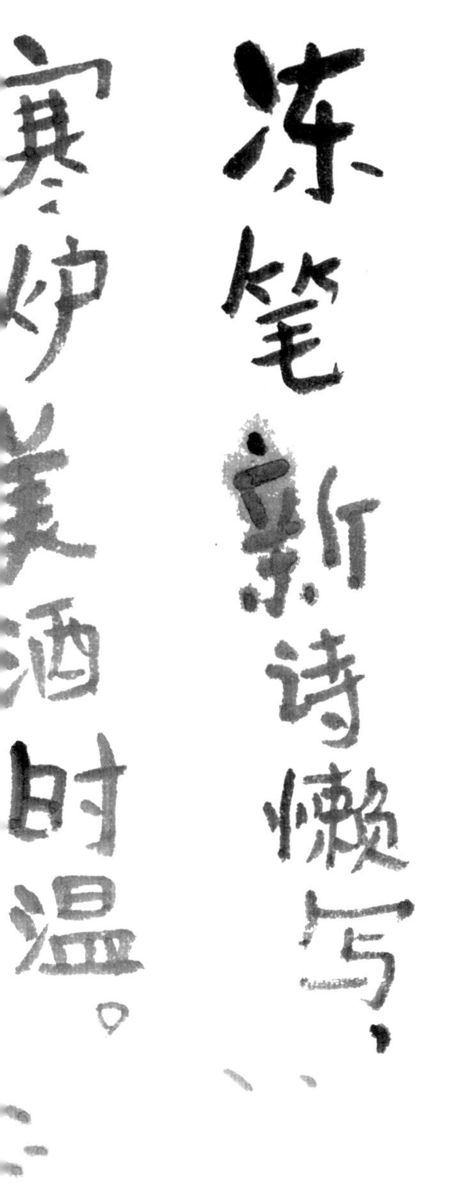

食品，都要买买买。比如吃的，在寒冷的天气，人们要多吃一些温热补益的食物，这样不仅能使身体更强壮，还可以起到很好的御寒作用。这个时候的营养以增加热量为主，民间有“**立冬补冬，补嘴空**”等说法。

妈妈说，冬天天气虽然有点冷，但特别适合过日子，特别适合安静地做事。

爸爸说，妈妈说得对，冬天特别适合做自己的事。李白有一首诗叫《立冬》。有一年立冬时想写诗，因为天气寒冷，墨汁和毛笔都冻住了，他就说这是老天让我偷懒，不写了，火炉上的美酒此时正好温热，他喝得微醺，看到砚台里冻结的墨花和一地银白的月光，恍惚间以为是大雪落满了山村。

小君说，这个李白，还真是个有趣的人。

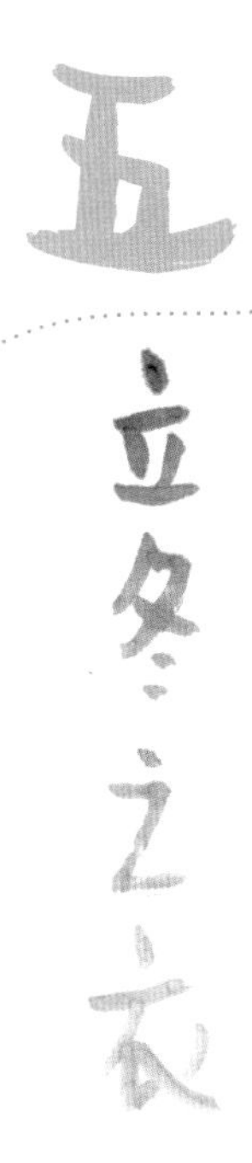

五 立冬之衣

说起立冬之衣，妈妈问小君，你们小朋友知道古人讲的寒号鸟的故事吗？

小君说，我不知道，我问问朋友，有问题可以多请教朋友。他打电话问了一圈：小广不知道；艾米不知道；依依说，她知道，爸爸给她讲过。

在炎热的夏天里，寒号鸟的“毛羽”多彩绚烂，它也不忙着塔窝，只知道鸣唱：凤凰不如我。到了冬天天气严寒，寒号鸟的“毛羽”脱落，萧索的样子

采绚烂，乃自鸣曰『凤凰不如我』。比至深冬严寒之际，毛羽脱落，遂自鸣曰『得过且过』。索然如鷇雏。

寒号鸟

南村辍耕录

元末明初 陶宗仪

五台山有鸟，名寒号虫。四足，肉翅，不能飞，其粪即五灵脂。

就像一只刚出生的小鸟，没有及早搭窝的它只能哆哆嗦嗦地鸣唱道：得过且过。

小君把依依讲的故事说给爸爸妈妈听，爸爸说，这个故事说明人要为了过冬早做准备呀。北方一般在立冬节气里要给居民供暖，政府要给困难的民众送寒衣，要慰问有特殊贡献的人。人们见了面也要关心对方是否吃得饱，穿得暖。这就叫嘘寒问暖。这种习俗也不只是我们中国人独有，世界问候日（11 月 21 日）就在立冬节气期间，全世界人都知道在立冬期间要问候彼此。

小君听了说，我懂了，我要去找小墩儿嘘寒问暖喽。

六 立冬之冰

小君从小墩儿家回来，兴冲冲地说，余叔叔给我上了一堂立冬节气课，可有意思啦。

爸爸问余叔叔给小君讲了什么内容。小君说，立冬的物候啊，立冬节俭啊，都非常有意思。

小君说，立冬**一候水始冰**，在这个节气里，水冷得都结成冰了，最重要的是，余叔叔说，在霜降的时候，人一踩到地上的霜就知道水要结冰了，这叫履霜坚冰至。我们现代人想要冰块，得用电来制造冰，古

地始冻，

雉入大水
为蜃，

水始冰

人则是在寒冬把河里的冰凿出来藏在冰窖里，到第二年的春天、夏天需要时取出来用。

立冬**二候地始冻。**土地开始冻结，季节冻土可以杀死土地里有害的病虫菌，对第二年的生产生活都有很大的帮助。

立冬**三候雉入大水为蜃**。立冬后，野鸡一类的鸟便不多见了，而海边却可以看到外壳与野鸡的羽毛条纹及颜色相似的蛤蜊。所以古人认为鸟雀飞入水里变成蛤蜊了，这表明天气更加寒冷。鸟雀们都变成蛤蜊藏在海里避寒了。其实这是一种古人的想象，现实是在立冬时节，禽鸟们南迁或藏在温暖的地方了。

爸爸很满意小君的复述能力，他问小君，那立冬节俭又是什么意思？

小君回答，我感觉余叔叔说的节俭跟霜降节气的做减法意思差不多。余叔叔说，在冬天总有些管理不善的地方，如果东西堆太多又赶上天干物燥，那就会招致火灾；还有，一个人不要过于招摇，过于显摆，那样可能会遭到嫉恨。

爸爸最后总结说，余叔叔说的节俭跟我说的减法

俭

俭，约也。
节省，
约束，不放纵。

还是有区别的。他说的是在冬天要低调一些，节俭一些，过日子要细水长流，这也是冬天给我们的启示，要注意藏。“万人如海一身藏。”

小君拿出笔记本，余叔叔还教了我一首现代诗人穆旦的诗：

我爱在淡淡的太阳短命的日子，

临窗把喜爱的工作静静做完；

才到下午四点，便又冷又昏黄，

我将用一杯酒灌溉我的心田。

多么快，人生已到严酷的冬天。

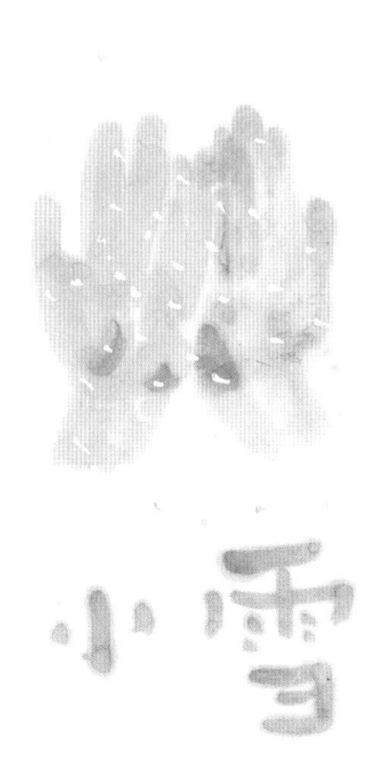
小雪

八

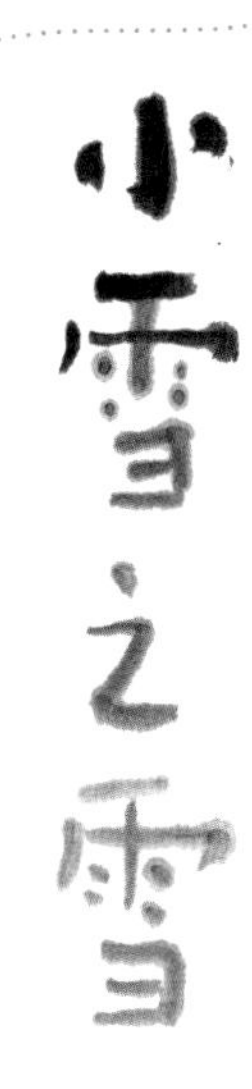

下雪了，入冬后的第一场雪。

爸爸说，真是应景，今天正好是小雪节气。唐代诗人戴叔伦也是在小雪节气时看到下雪作诗一首，即《小雪》，看到落雪随风起舞，百看不厌。更多的雪落入山峦，落入林间，穷苦的书生在窗下刻苦攻读，这个时候就会发愁，因为雪花飞来一片就是寒意一片。

小君说，过去的读书人真是苦，怪不得余叔叔经常说寒窗苦读，幸亏还有戴叔伦这样的诗人关心他们。戴叔伦也是希望下下小雪就可以了。小雪的名字真好听。

爸爸说，是啊，就像很多人取名叫小满一样，也有很多人取名叫小雪。

小君说，小满多是男孩子的名字，小雪多是女孩子的名字。等等，我问一下依依、艾米，她们的朋友中有没有叫小雪的。

小君问了依依、艾米，果然，她们俩人都有叫小雪的同学。

小君又问爸爸，雪跟霜有什么区别？

爸爸说，它们都是白色结晶物，不过霜是地上的露水凝结成的，雪是天空中的水汽凝结成的。霜有针形的，多角形的，而雪花一般是六角形的。

父子俩学习小雪物候。

爸爸说，小雪**一候虹藏不见**。

小君不解地问，既然看不见了，在大自然中就不存在了，古人为什么要把一种不存在的东西当作物候现象呢？

爸爸说，古人不是认为虹不存在，而是认为它藏起来了。它为什么藏起来，也是因为天气冷了。清明节气时虹开始出现，意味着天气变暖和了。只要天气

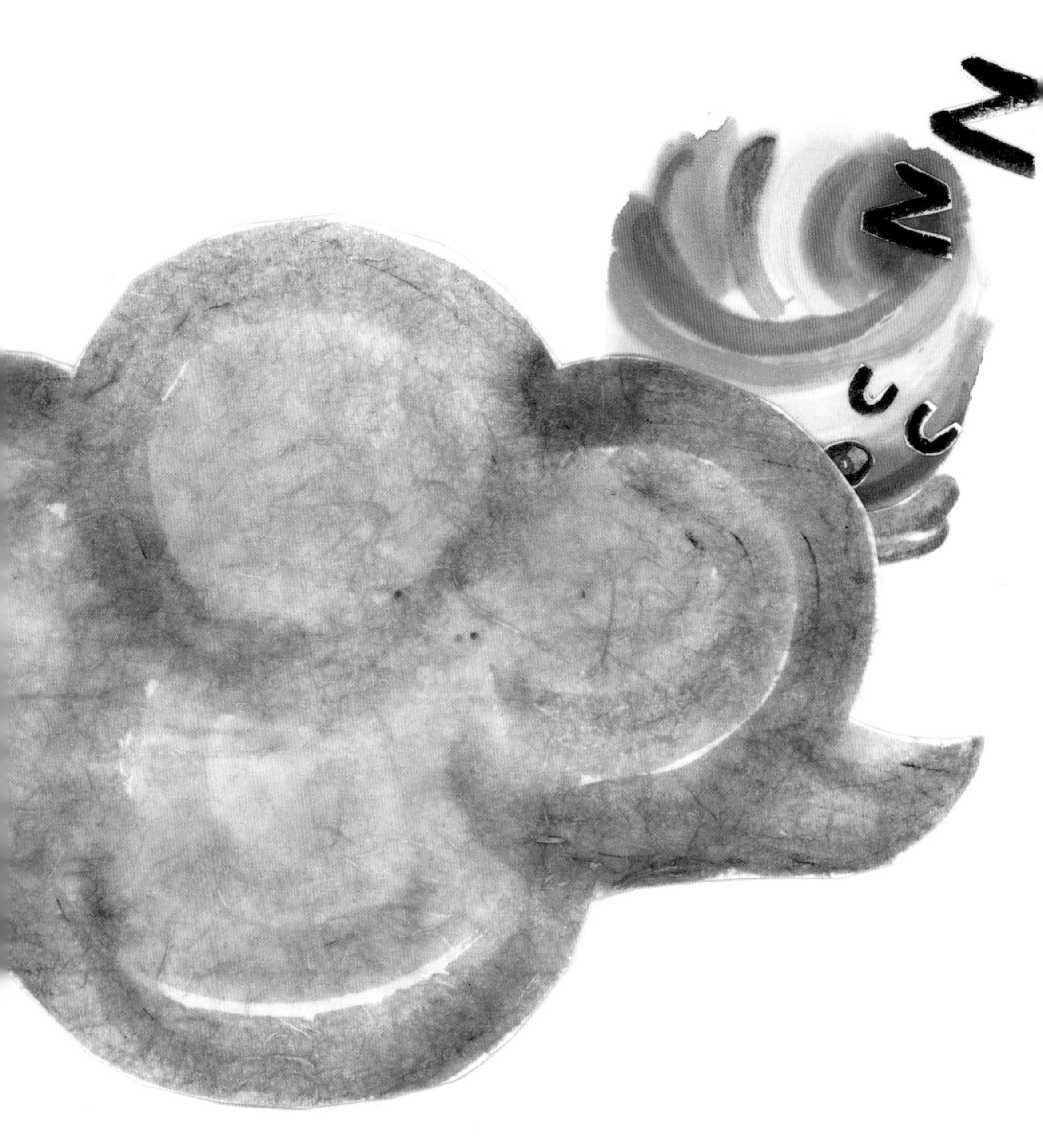

温暖适宜，有雨、水汽和光照，就能出现彩虹。虹是大自然一种重要的现象，在古人的世界里，它有特别的意义，比如沟通天地，是一座桥梁。虹藏起来意味着天地之间不再有联系，人们之间也失去了沟通交流的渠道。

小君说，我明白了，如果我的手机没电了，我跟艾米他们之间就没有“虹”了。

爸爸说，如果你读古人的书，会发现虹出现得特别频繁，这说明古人很善于观察大自然，他们在跟天地交流。

小君说，现在的人不怎么注意虹，是不是说明现代的人互相之间不太交流了，更不用说跟天地交流了？爸爸说，你说得有道理，所以你一定要注意自己跟亲友、社会、大自然之间有没有“虹”。

开
关

爸爸接着讲小雪的二候和三候。

二候天气升地气降是天气上升地气下降，这仍然是天地不交流的意思。**三候闭塞成冬**，这表明天地之间各自关上了大门，闭塞得紧紧的，大自然进入了严寒的冬天。

小君盯着窗外，他说，我怎么都看不出现在天升地降，也看不出来天地关闭了。真有意思，小雪的这三个物候都是看不见、摸不着的。

爸爸说，要去感受它们，只有感受它们的存在，你才会明白，活在天地之中是很踏实的。

小君说，嗯，没想到冬本身也是一个物候。

妈妈听了父子俩的谈话，跟小君说，其实这种天气最适合安静养神，不要过量运动，也不要大吃大喝，要是余叔叔来跟你爸爸喝杯小酒，赏赏雪，整个身心都会很惬意。好像余叔叔说过，“天地闭，闲人隐”，他们现在都是闲人隐士，正好小酌怡情。

爸爸说，妈妈错解余叔叔的话了。余叔叔说的是古人的话，“**天地闭，贤人隐**”，是天地闭塞昏暗，圣贤隐居起来了的意思。古人还说，“澡雪精神”，面对雪景，人的神志也能得到清净纯正。这样吧，小君，你给余叔叔发微信，只说一句话，“晚来天欲雪，能饮一杯无？”

十二 小雪负暄

小雪不大，还没等太阳出来就化了。这一天太阳光很强烈。余叔叔带着小墩儿来邀请爸爸到小区里走走，晒晒太阳。小君牵着小墩儿的手，跟着大人们晒太阳。

太阳晒在身上暖洋洋的，余叔叔说，小雪节气天气多阴冷晦暗，光照较少，在房子里待久了，心情会受影响，有些敏感的人容易抑郁。这太阳一晒啊，心情就好多了。怪不得古人有“负暄”的雅趣。

小君问爸爸，什么是负暄啊？爸爸说，负暄就是晒太阳的意思。有一则寓言说，有一个农民很穷，冬天只能披着破麻烂絮，差点冻死。到了春天，他到太阳底下晒得暖暖和和，觉得只有自己发现了这个办法，这个治挨冻的法子太好了。他说，“负日之暄，人莫知者”，就是晒太阳的温暖，除了他还没有人知道啊。他想如果把这个办法告诉国君，一定会得到重赏。

小君听得哈哈大笑，小墩儿

也跟着呵呵地笑了。

余叔叔说，其实指望外界带来的光明温暖是一方面，小雪节气也告诉我们，人自身也要有健旺的生命力，人要努力扩大自己的光明温暖。这就叫，“君子以自昭明德”。

小君说，嗯，余叔叔，我想到你就感到很光明，想到爸爸就感到很温暖。或者说，我想到爸爸感到很光明，想到妈妈感到很温暖。

小墩儿跟着说，爸爸，光明；妈妈，温暖。

大雪

千山鸟飞绝，万径人踪灭，孤舟蓑笠翁，独钓寒江雪。

十二 大雪之雪

12 月到了，爸爸说，大雪节气就要来了。

小君问，大雪节气是不是比小雪节气更冷、雪更大啊？

爸爸说，是啊，不过，古人不是这么笼统地理解天气的变化的，科学家更是对小雪、大雪有严格的区分标准。在气象学上，下雪时能看到一公里远的东西，24 小时内地面积雪不到 2.5 毫米厚，就只是小雪。大雪就要厚一些，下雪时看不见 500 米外的东西。

小君问，古人是怎么理解大雪、小雪的呢？

爸爸说，古人的理解是，小雪封地，大雪封河。古人还认为，大雪不仅意味着寒冷，对大地上的植物来说还有保暖的作用。大雪覆盖大地，使地面温度不会因寒流侵袭而降得很低，给植物创造了良好的越冬环境。雪水增加了土壤的水分含量，供植物春季生长的需要。雪水的肥地作用是普通雨水的五倍，所以适量的大雪也称瑞雪。瑞雪兆丰年，用农民朋友的话说，**“今年麦盖三层被，来年枕着馒头睡”**。

小君说，哇，那么厚的雪，看不见世界原来的样子了，但有一首古诗写雪后的世界又清清楚楚。

千山鸟飞绝，

万径人踪灭，

孤舟蓑笠翁，

独钓寒江雪。

爸爸说，这就是人类的才能，能在最孤绝的状态里跟天地精神相往来。明代的张岱说，有一年大雪三天，西湖平时那么多的人啊、鸟啊都不见了，他就跑到湖心的亭子里看雪。他说：“天与云、与山、与水，上下一白，湖上影子，惟长堤一痕、湖心亭一点、与余舟一芥、舟中人两三粒而已”。

小君说，啊，这个人真痴。

十三 大雪之比

刚说了大雪节气，果然当天就下起了大雪。小君看着窗外，别说一公里外，就是一二十米外都看不清东西了。

小君对爸爸说，等雪停了，我找小墩儿堆雪人去。

爸爸说，其实下雪的时候堆雪人更好玩儿，只要穿戴好，雪落在身上是很有趣的，还有落在堆好的雪人身上，雪人看起来会更自然。要不我们现在就去找余叔叔和小墩儿。

小君说好。

四个人走在雪地里，在小区的一角，爸爸和余叔叔堆起了雪人。小君想上前帮忙，小墩儿紧紧地拉着小君的手，生怕滑倒了。小君和小墩儿又紧张又开心。

余叔叔哈哈大笑，小君啊，你知道吗，你和小墩儿这个样子，就是一个汉字，而且这个字非常有意义。他拿起一根枯树枝，在地上写下一个字，原来是两个人挨着的“比”字。

小君说，“比”字原来是人挨着人啊，怪不得常说人比人呢。

余叔叔说，冬天大雪之际多“比”象，就是要人相互帮扶，人在大雪中相扶而行，既平等又开心。有一个德国诗人席勒写过一首《欢乐颂》，后来被音

从

乐家贝多芬谱成曲，这个时候听就特别有意思。

欢乐女神，

圣洁美丽，

灿烂光芒照大地。

我们心中充满热情，

来到你的圣殿里。

你的力量能使人们消除一切分歧，

在你光辉照耀下面，

人们团结成兄弟。

堆好了雪人，大家居然热得出了汗。见雪还在下，爸爸提议回家喝茶聊天。

妈妈似乎料到余叔叔他们要来家里似的，已经准备好茶了。

爸爸对小君说，你还记得妈妈问你寒号鸟的故事吧，大雪**一候鹖鴠（又作旦）不鸣**，这个鹖旦（hédàn）就是寒号鸟，它不再号叫了。

小君惊奇地说，哇，我还以为是故事呢，原来真

有寒号鸟啊，那它是不是冻死了才不叫唤了呢？

爸爸说，不是，这种鸟是感受到寒冷之极而不再叫了。古人还说，寒号鸟是在夜里叫唤祈求天亮的鸟，所以名字里有一个“旦”字或旦字旁。

余叔叔接过话说，古人在漫长的黑夜里盼天明是非常难受的。清代文学家龚自珍说：“俄焉寂然，灯烛无光，不闻余言，但闻鼾声，夜之漫漫，鹖旦不鸣……”这其中就提到了在寒冷的夜里，连寒号鸟也不叫唤了，太绝望了。但是古人观察大雪节气，又发现了希望，大雪**二候虎始交**。老虎是阳气十足的动物，在大家以为阴冷至极的时候，它开始找对象了。**三候荔挺出**。“荔挺”（也称荔）为马蔺，即马兰花，这是一种有用的草，据说也因感受到阳气的萌动而抽出新芽。

小君说，小雪物候现象都是看不见的抽象的东西，大雪的物候现象反而是具体的东西。小雪的物候现象表示天寒地冻，大雪的物候现象表明寒冷之中仍有生机。

十五

妈妈说话了，你们光说一些大道理，也要注意大雪节气对身体的影响啊。

小君问小墩儿，你感觉下大雪时你身体会不舒服吗？小墩儿说，雪，大，很好。

妈妈说，人的血压、气管、肠胃等都会因为天气寒冷而有所变化，这时，增强身体的免疫力就很重要。平时要多喝水，常喝粥，尤其要保暖，可以多睡一会儿，早睡晚起，保持室内空气流通，也要注意保湿。

余叔叔说，冬天加强免疫力确实很重要。冬天和春天的气温低，利于病菌生存和传播。人要御寒，能量消耗大，身体抵抗力变弱了，人体就容易被病菌侵入，就会得一些流行病，自己受罪，还会传染别人。动物也是这样，尤其是鸡，很容易得瘟病，就是俗称的禽流感。

妈妈说，我们学习节气知识，真的能从大自然中

学到各种生存的知识。俗话说，人要猫冬。大雪节气也相当于一天的晚上十一点钟，早该安静休息了，但很多人还要折腾，甚至到街上去扎堆，到处玩，图热闹，身体怎么吃得消呢？

余叔叔说，所以大雪节气也好，冬天也好，就是要人在小范围内活动，它实际上是提醒人，这个时候要注意距离。

小君说，我知道了，在大雪节气要提高身体的免疫力。

冬至

小至

唐·杜甫

吹葭六琯动飞灰

冬至到了，爸爸说，冬至大如年，这是个重要的节气。冬至这天，太阳几乎直射南半球的南回归线，对我们北半球的人来说就是太阳到了最南端，极致了。

小君说，我知道，冬至是全年太阳高度最低的一天，又是白天最短暂、黑夜最漫长的一天。我和朋友们准备这一天手机群聊，这不，正在聊着呢。

爸爸问，哦，你们都聊了什么话题？

小君说，小广是广东人，他们那儿尤其重视过冬至；依依说太阳神的生日在冬至期间；艾米说颐和园的十七孔桥的桥洞只有冬至这一天才能被太阳都照到；我说冬至这一天被称为至日，以前的皇帝都要劝人不要折腾，要休养生息。

爸爸说，好啊，你们一人贡献一点自己的知识，关于冬至的知识就很丰富了。古人是都重视冬至的，像唐代诗人杜甫一生写冬至的诗就有好多首。他有一首诗说，刺绣五纹添弱线，吹葭六琯动飞灰。就是说，冬至后白天又一天一天地变长了，一般人不知道，但刺绣女白天多绣了几根线，她就知道，白天又变长了；还有，古人把芦苇茎膜烧成的灰放入一种乐器的律管中，葭灰感受到阳气的萌动从律管中飞出，这也说明阴阳有变化了。

小君说，观察节气原来还有这么多有意思的事啊。

爸爸说，还有一个特别的事情是，冬至后太阳开始往北走了，也就是往我们的北半球靠拢了，但地面上最冷的时候不是冬至前天寒地冻的小雪大雪时期，而是冬至后的一个多月。

小君说，我知道，这是天地人按顺序来，天走在前面，紧跟着是大地，最后才是我们人。天的阴阳变化，引起大地的冷暖变化，然后引起我们的出入变化。

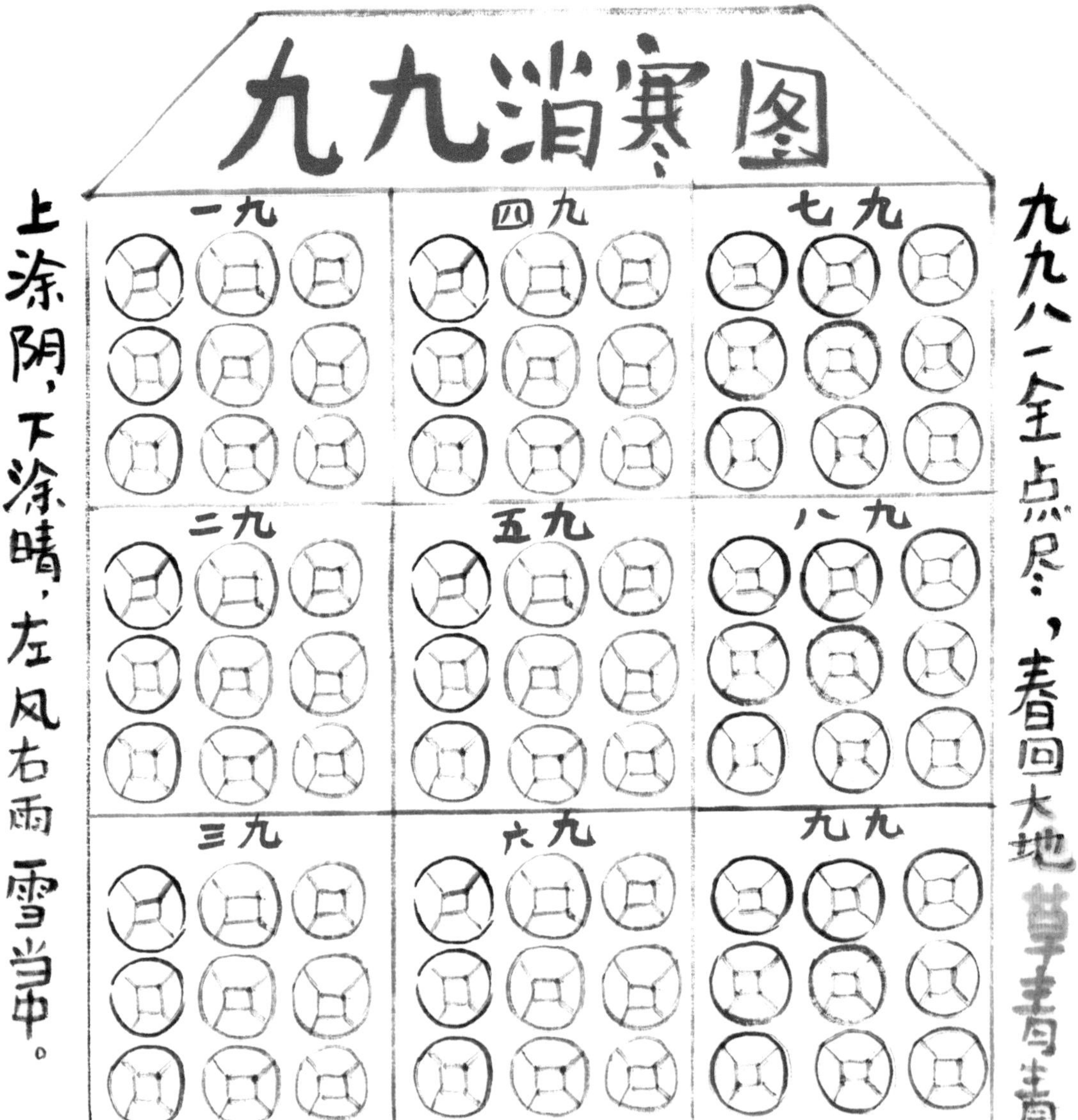

九九消寒图

上涂阴，下涂晴，左风右雨雪当中。

一九	四九	七九
二九	五九	八九
三九	六九	九九

九九八十一全点尽，春回大地草青青。

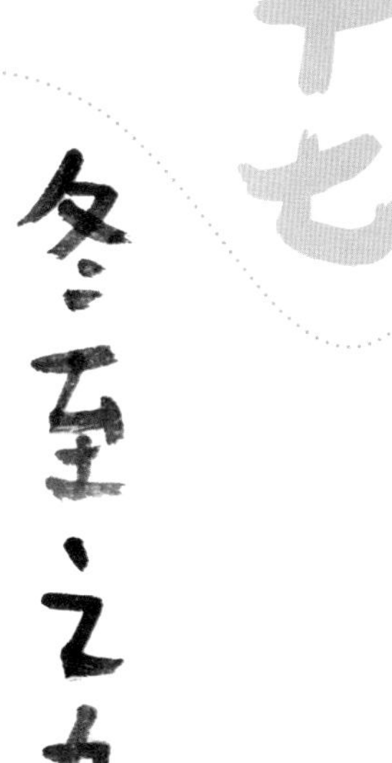

爸爸跟小君说，你要多让小广介绍一下他们在广东过冬至的情况。

小君说，小广介绍得可详细啦，有祭祖、拜父母、拜师等。

爸爸解释说，冬至祭祖，是人们向祖先汇报一年的丰收情况，祈求祖先保佑的行为。拜父母嘛，也是要感谢父母的养育之恩，问候一下父母的身体健康状况。学生们还要探望老师，感谢一年的教育之恩。过

冬至日，
画素梅一枝，
为瓣八十有一。
日染一瓣，
瓣尽
而九九出。

去的读书人要祭祀先师孔子，要悬挂孔子像或供奉孔子牌位。

小君说，这些祭拜真是隆重。不过艾米说，冬至后要开始数九，数九是一个很风雅的游戏，是吗？

爸爸说，是的，这个游戏既可以一人做，也可以一家人、一群人来做，数九、写九、画九，都可以。从冬至开始，九九八十一天后就是春暖花开的时节了。

爸爸又说，唐朝的白居易有一年冬至时正好住在邯郸的客栈里，看到别人都在过节，他只能抱膝坐在灯前，与自己的影子相伴。他就想到家中亲人这个时候会欢聚在一起，还会谈论着他这个离家在外的人。所以写了《邯郸冬至夜思家》。

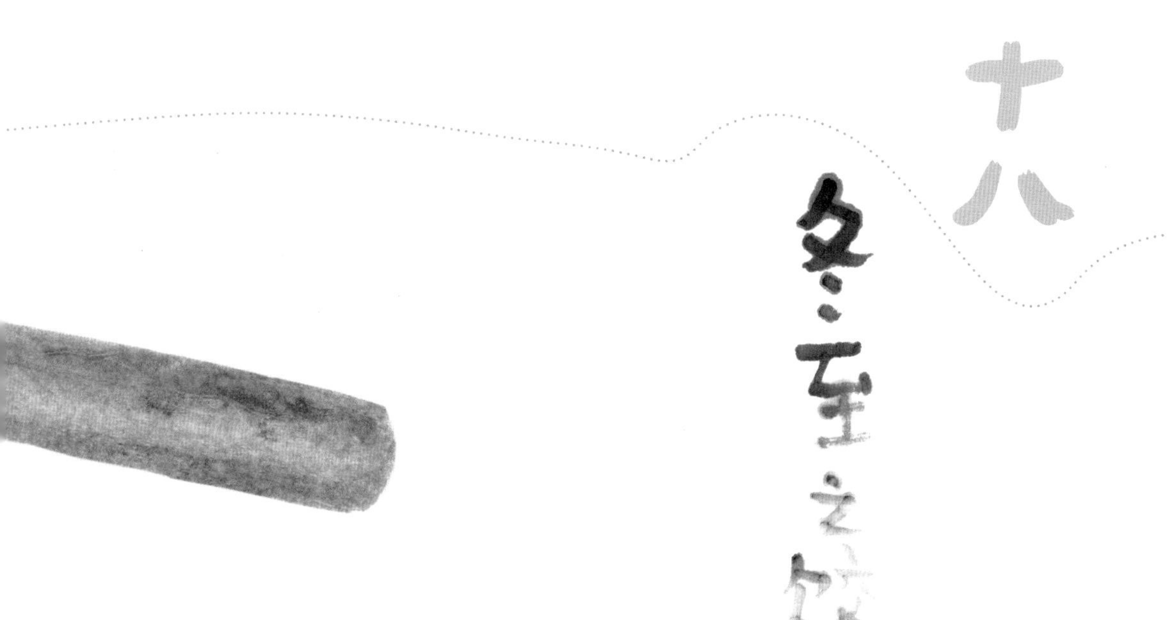

十八 冬至之饺

小墩儿来敲门，跟小君说，哥哥好，冬至，吃饺子。

跟着小墩儿来串门的余叔叔说，冬至吃饺子是有文化源头的。我们中国的历法是阴历阳历的合历，这个历法以冬至子时为阴阳循环的起点计算，冬至这一天要交子，所以饺子外皮为月形，饺子内馅为日形，象征着月亮和太阳合在一起。标准的饺子应该有十二个褶，标志着一年有十二个月。

小君说，哇，吃个饺子都这么讲究啊，妈妈，你包饺子是包了十二个褶吗？

妈妈说，我也是第一次知道饺子是这么来的啊。我只知道冬至一阳生，冬至的时候，人不能着急，出入无疾，不能剧烈运动，要养气养阳才对。

小君说，嗯，孟子说了，我善养浩然之气，这是至阳至刚之气。

十九 冬至之阳

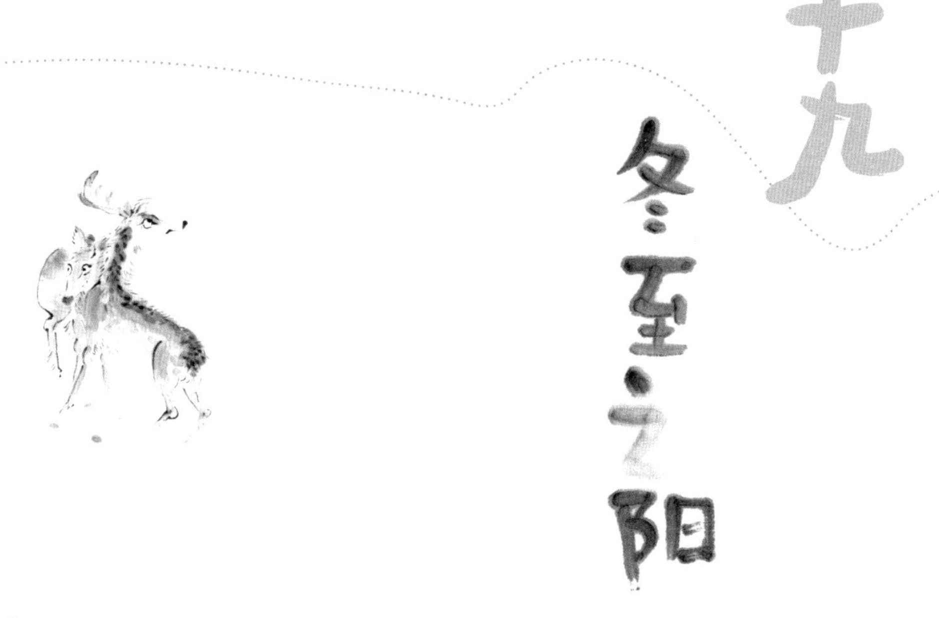

余叔叔对小君说，你对孟子很熟悉啊，说得好，冬至是养气的好时候。就是冬至的物候现象也都跟阴气、阳气有关。

小君问，冬至有哪些物候呢？

余叔叔说，**一候蚯蚓结，二候麋角解，三候水泉动**。蚯蚓是阴气重的时候卷曲盘结着，阳气重了就伸直身子，蚯蚓在冬至时仍然蜷缩着身体说明阴气还很重。麋鹿本身属于阴性的动物，它的角掉了不是因

三候水泉动

冬至三候：

一候蚯蚓结，

二候麋角解，

为阴气冷气冻掉了，而是因为它感受到阳气，要长出新的角了。人们在平原地带看到水可能还冰冻着，但在山中，由于阳气初生，泉水解封开始流动并且有了温热感。

小君说，原来冬至虽然开始了大地上极致的寒冷，大自然仍能感受到阳气的到来，冬至一阳生，原来有这些含义。

余叔叔说，是的，所以古人用这些作为物候现象，也是提醒人们在困难的时候看到希望，在严冬来临的时候看到天地之间真正的消息，这就是见天地之心。

小君说，我知道，雪莱有一句诗说，**冬天来了，春天还会远吗？**

小寒

[yuán] 元 元 元

元者，气之始也。

元首：为首，居首的。

元月：一，开始。

元旦：公历新年第一天。

一元：货币单位。

状元：考取第一名的人。

冬至过后，节日的气氛越来越浓。到了元旦，小君感觉大人们都很开心，甚至更开心地等待放假过年，那是更大更长的节日。

小君问爸爸为什么大家都开心。爸爸说，以前的社会是大人望挣钱，小孩子望过年，现在是大人小孩子都盼着放假、盼着过年。

小君问，那么元旦有什么意义呢？

爸爸说，现在的元旦指阳历的1月1日，而在中国文化里，元旦的意义非常重大，它是一元复始，万象更新，而且元的意义非常丰富。

小君说，我知道，元是钱，一元钱两元钱；元是脑袋，元首；元是时间的起点，元始。

爸爸说，对，元跟时间有关。一元复始，元是春天，是时间的开始；元是时间单位，一元相当于 5000 年，准确地说是 4617 年；对一年来说，元月，元就是 1 月，元旦则指阳历 1 月 1 日。

小君问，那么，元旦后的节气呢？

爸爸说，元旦后的一个月内有两个节气，分别叫小寒、大寒。我们马上就要迎来小寒节气了。

小君说，啊，这么喜庆的日子，却有两个寒冷的节气。

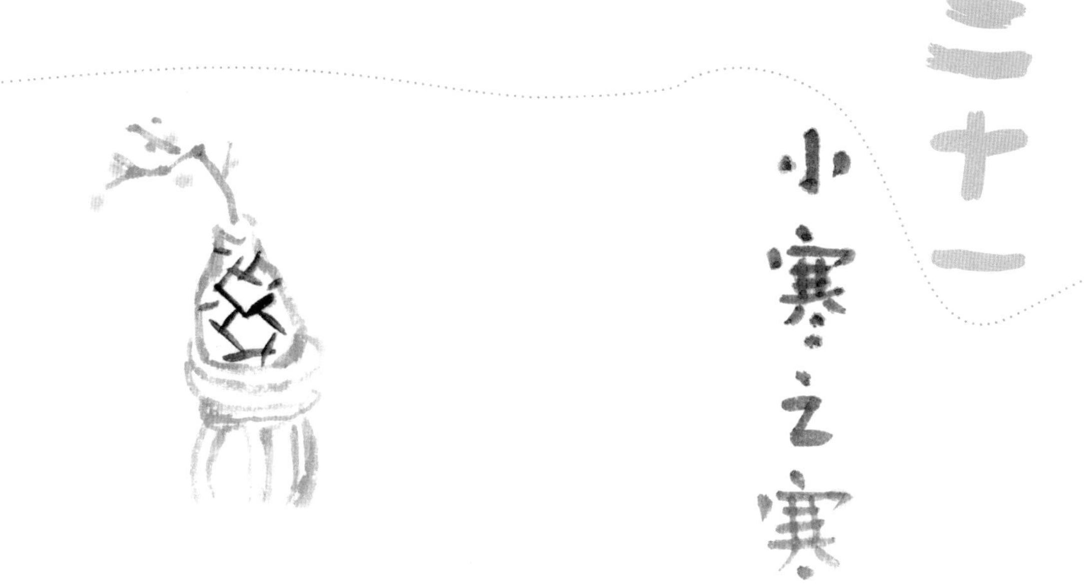

二十二 小寒之寒

父子俩说着话，余叔叔带着小墩儿来问候节日。大家坐下来喝茶聊天。

听说小君感叹元旦后的节气，余叔叔说，你不要误解了古人，不是先有喜庆的年节再有小寒、大寒节气，而是在发现了小寒、大寒节气等自然规律后才有了喜庆的年节。

小君说，余叔叔，我明白了，在严寒的日子里，人们无所事事，不如聚在一起来过年玩。

余叔叔哈哈大笑，有道理啊。小寒节气是腊月三九天，就是冬至后数九，到小寒节气里数到三九，这是一年中最寒冷的日子了。俗话说，**冷在三九。一九二九不出手，三九四九冰上走**。

小君说，难道小寒比大寒还冷吗？

余叔叔说，从经验和统计数据上看，多数年份小寒确实比大寒还要冷。俗话说，小寒胜大寒，常见不稀罕。清代有一个叫顾印愚的人，因为朋友在小寒时候请他喝酒，他特别感动，说自己也算是一个名士，可怜饥寒交迫，幸亏朋友伸出了温暖的手，让他想起唐代的苏端也曾对落魄的杜甫伸出过温暖的手。

小君说，有这样的朋友真好。

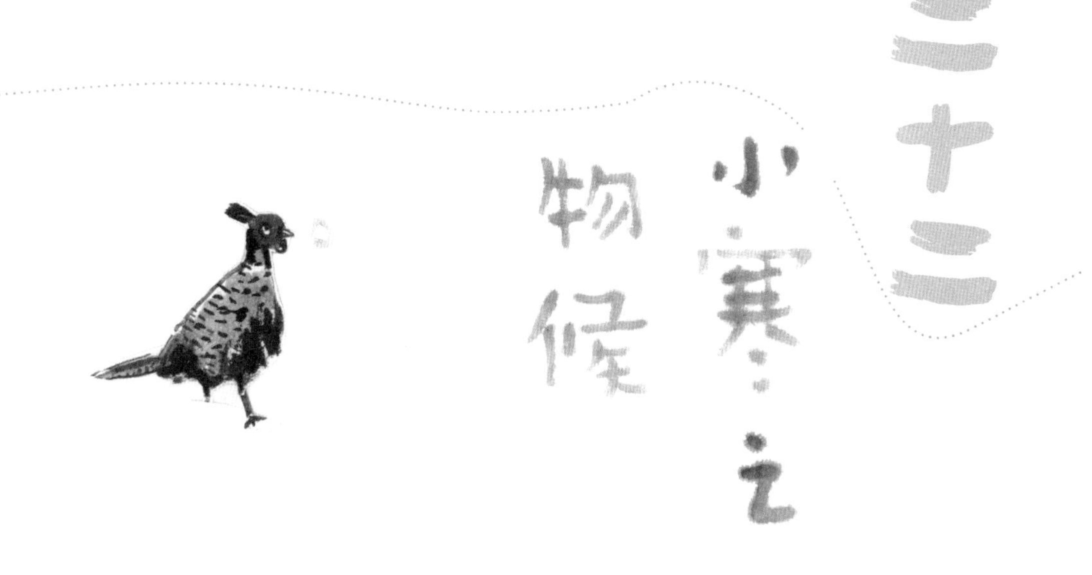

小君问余叔叔，天寒地冻、万物萧瑟，就是指小寒节气了吧。

余叔叔说，天寒地冻是，但万物萧瑟不是，万物萧瑟、萧条、萧索一般指秋天或初冬，小寒节气下的万物已经准备萌动新生了。

余叔叔举例说，小寒物候，**一候雁北乡，二候鹊始巢，三候雉始鸲（qú）**。虽然大雁还在南方过冬，但它们已经感知到阳气在回升，所以雁群开始自南方

往北飞了。

二候中，小寒虽然是一年中最冷的时节，喜鹊却会冒着严寒开始筑巢，准备孕育后代。我们中国人说喜鹊报喜，它跟大雁一样，最早报告了严冬中有春阳的消息。

三候中的“雉”是野鸡，在山中的野鸡也察觉到了阳气的滋长，开始发声寻找同伴。

小君说，哦，小寒的三种物候现象都与鸟有关，

它们真厉害，这么早就能知道天地回春了。

余叔叔，你还记得上次跟你讲过穆旦的诗，那首诗有一段说的就是严酷的冬天也有生命的跳动：

> 我爱在枯草的山坡，死寂的原野，
>
> 独自凭吊已埋葬的火热一年，
>
> 看着冰冻的小河还在冰下面流，
>
> 不知低语着什么，只是听不见。
>
> 呵，生命也跳动在严酷的冬天。

二十三 小寒·之屯

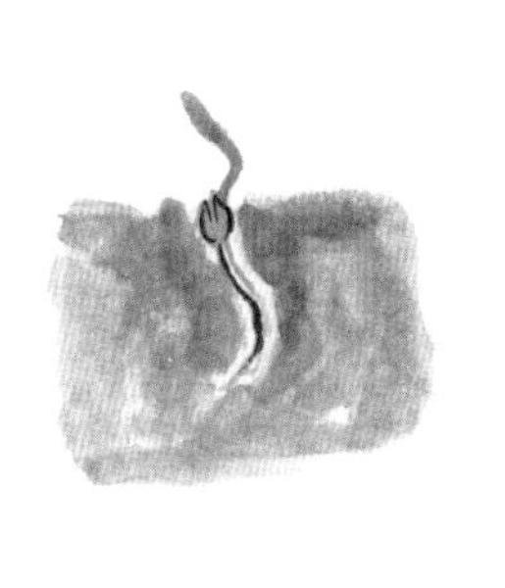

余叔叔说，在小寒节气里，不只鸟类感受到了天地的变化，就连地上的草本植物也感受到了，像冬小麦既把根往温暖的土壤深处扎，也把头拱向地面一点点地钻出来。这个形象就是一个字。

余叔叔用手蘸了一点茶水，在桌面上画出一个字。

小君说，原来是个“屯”字。

余叔叔说，屯有萌芽新生、屯聚、挣扎、积累力量的意思。你想啊，连小草都知道准备新生，我们人

[tún] 屯，难也。

像草木之初生。

聚集。

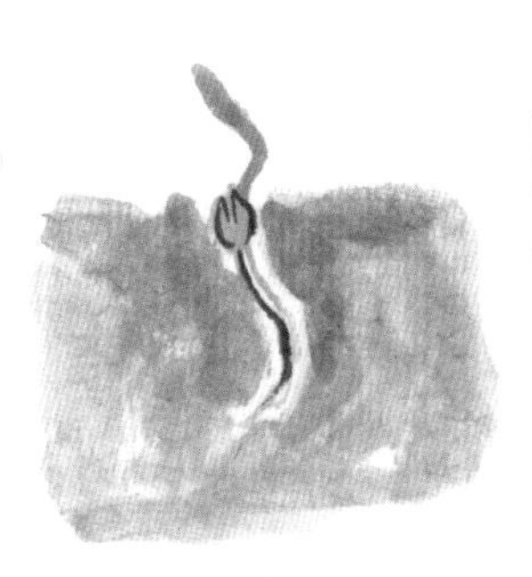

甲骨文 篆书 隶书 楷书

就更不应该消极得无所作为，更应该发光发热。北方有很多地方叫屯，凡是叫屯的地方，一定是说这个地方曾有过人的努力，人在天寒地冻中寻找生存的可能性。俗话说，小寒胜大寒，天寒人不寒。

小墩儿说，俗话，俗话，余叔叔，你经常说俗话。

大家笑了。余叔叔说，其实这是农民朋友的话，一点儿都不俗。

二十四 大寒之寒

过年的气氛越来越浓了，但小君感觉天气更冷了。他以为是自己的错觉，问了一圈儿小伙伴，从艾米、依依，到邻居小墩儿，甚至广东的小广，大家都说更冷了。

他问爸爸，上次余叔叔说小寒胜大寒，为什么我们都感觉大寒更冷呢？

爸爸解释说，有的年头确实大寒会更冷一些，但更多的时候是我们人的感受出现了偏差，在长期的寒冷中生活，人们对冷的感受有积累、强化的心理现象。比如今年的大寒从气温上确实比十来天之前的小寒气温要高了一点，但我们感觉却更冷了。

小君问，那为什么古人把最冷的节气叫小寒，把现在叫大寒呢？

爸爸说，上次余叔叔讲的时候，我也想问他这个问题，我们还是请他来家里讲讲吧。

余叔叔带着小墩儿来家里，送给爸爸好几幅字。各种字体都有，“宅兹中国”“与天无极”“长乐未央”“延年益寿”，还有几幅春联，其中一幅

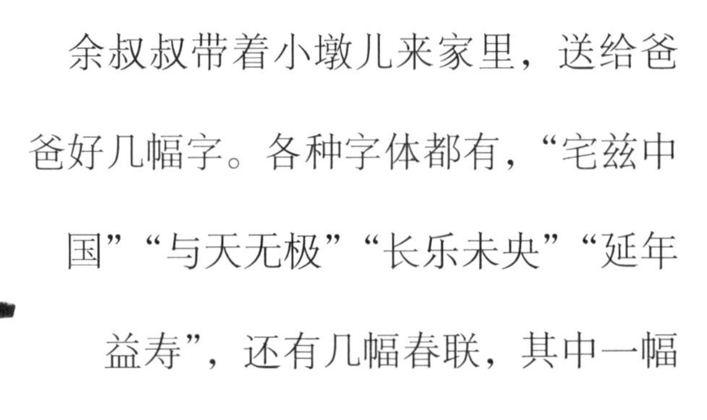

是余叔叔用了谭嗣同和龚自珍的话写的：“百年惊心，去留肝胆皆昆仑；九州生气，齐喑万马恃风雷。”红纸黑字，一下子有了过年的气氛。

爸爸叫小君一起欣赏，解释给小君听，有些是周代青铜器上的话，有些是汉代瓦当上的吉祥话。最后，爸爸说出了小君的问题，余叔叔乐呵呵地说，我就知道小君会问这个问题，一些人遇到这种情况也想不通。

余叔叔喝了一口小君递

上的茶，解释说，大寒是二十四节气的最后一个节气，这个节气意味着冬天快要结束，春天即将到来。我们中国人为了强调这种物极必反的道理，就从程度上把它命名为大寒。

小君恍然大悟，原来是这样啊。

余叔叔说，小君，你也看到大家都忙着过年了，大寒节气一般跟农历的岁末时间重合，大寒时间多是人们过年时间，俗话说，“**小寒大寒，杀猪过年**”，“**过了大寒，又是一年**”。

二十五 大寒之物候

小君问余叔叔，那么大寒节气的物候现象有意思吗？

余叔叔说，大寒，**一候鸡始乳，二候征鸟厉疾，三候水泽腹坚**。鸡始乳就是说到大寒节气，母鸡也能感受到天气回暖，开始产蛋孵小鸡了。

小墩儿说，毛茸茸的小鸡最可爱。

小君发现了一个问题，余叔叔，我印象中的物候现象很少谈到家畜。六畜中，马牛羊狗猪都没提到，

为什么在大寒期间提到六畜中的鸡了呢？

余叔叔说，小君这个问题提得好。因为鸡是六畜中最小型最经济实惠的，它也是劳动人民改善生活最方便的。我上次说过，鸡跟气候的关系紧密，鸡瘟，就是禽流感一类的瘟疫，在冬天、春天发生起来会严重影响人们的生活。

小君说，原来是这样啊。

余叔叔说，征鸟厉疾说的是像老鹰那样的有力量、可以远征的征鸟们，这个时候也不再只吃储存的食物，它们知道天气回暖，有些小动物会蠢蠢欲动跑出来，老鹰们就在空中盘旋，寻找机会猎杀目标，一旦发现虫子啊、小鸡啊在地面上，它们就会迅速俯冲下来，抓住目标，还没等你们反应过来，它们已经飞上天，飞得远远的了。

小君和小墩儿听得呆住了，啊，老鹰们真厉害。

余叔叔说，三候，水中的冰一直冻到水中央，冻得最结实、最厚了。这个时候，冰的体积最大，户外石缸、陶罐里的水如果不及时清理，变成了结结实实的冰，就会把石缸、陶罐冻裂。

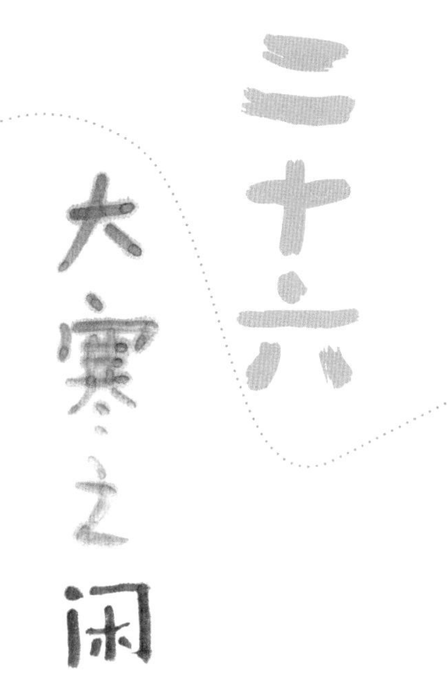

小君听了余叔叔的话，感叹，连水都冻成这样了。除了过年，大寒节气里也就没什么事要做了吧。

余叔叔说，在农村，大寒节气确实是农闲时光。当然，像农民朋友也闲不住，他们要为马上到来的春天做一些准备。

妈妈说，就是因为闲，有些人不注意生活起居，饮食不节制，招致风寒，导致感冒发作流行。所以越是闲，越要注意饮食，还有要穿得暖和，冬天要捂，

沙沙地
响，而
我们
回忆
着
快乐
无忧
的
往年。
冬
穆旦

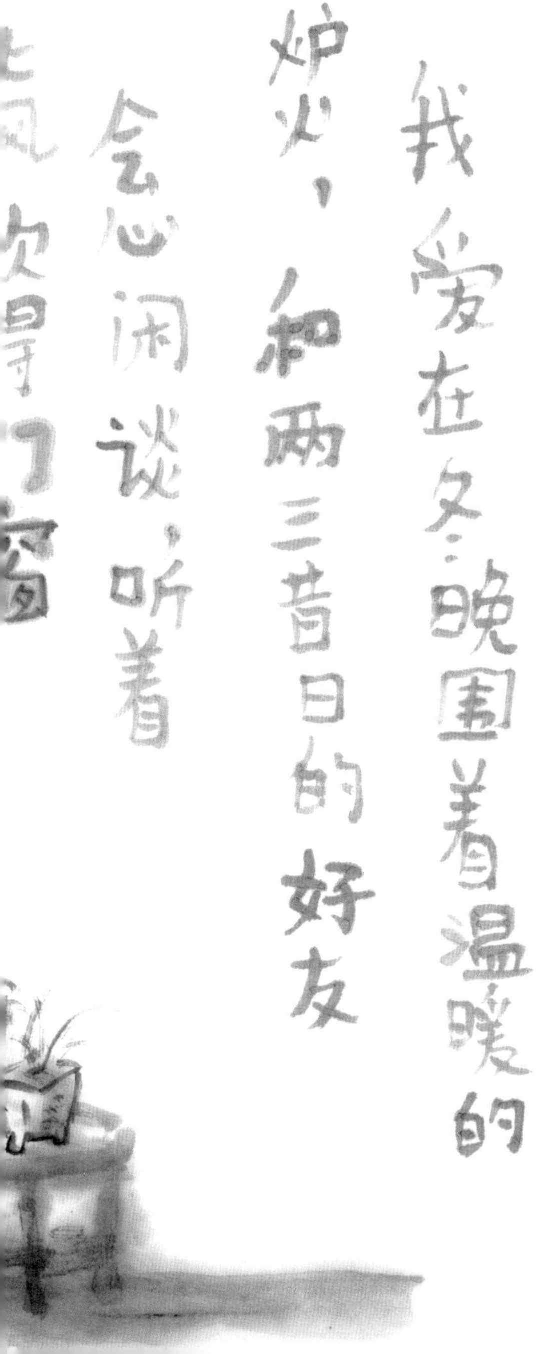

把自己捂得严严实实的。

爸爸笑着说，上次你妈妈说我和余叔叔是两个闲人，冬天就是要闲聊闲谈的。

余叔叔也笑了，小君，我跟你讲过穆旦的诗，那首诗最后两段，就跟冬天的闲暇和作为有关。

我爱在冬晚围着温暖的炉火，

和两三昔日的好友会心闲谈，

我爱在冬晚围着温暖的
炉火，和两三昔日的好友
会心闲谈，听着

听着北风吹得门窗沙沙地响，
而我们回忆着快乐无忧的往年。
人生的乐趣也在严酷的冬天。

我爱在雪花飘飞的不眠之夜，
把已死去或尚存的亲人珍念，
当茫茫白雪铺下遗忘的世界，
我愿意感情的热流溢于心田，
来温暖人生的这严酷的冬天。

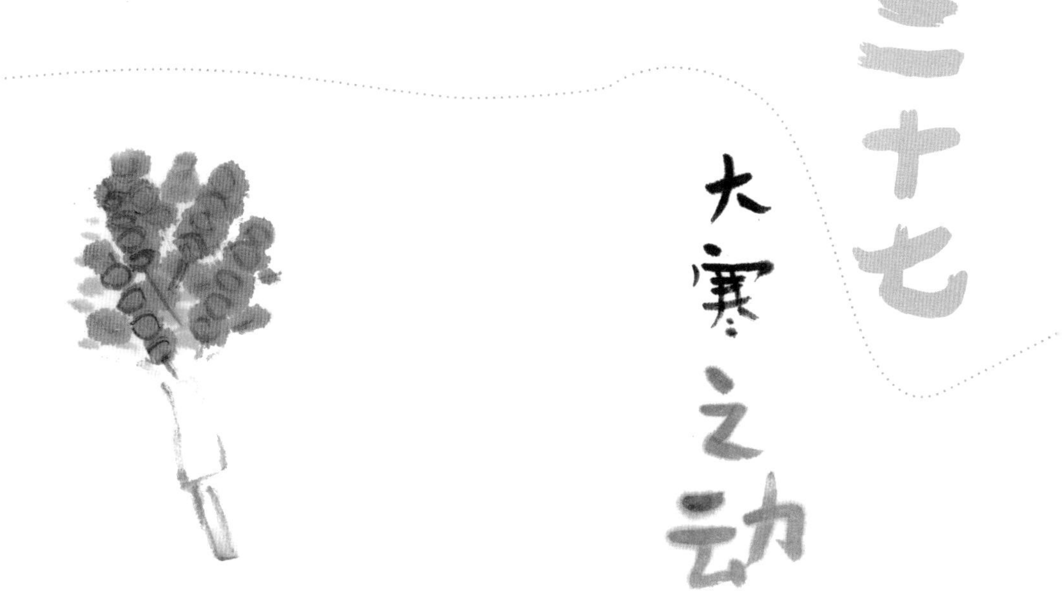

小君听得津津有味，没想到小墩儿好动，一不小心，把余叔叔的茶杯碰倒，掉在地上碎掉了。

余叔叔刚露出生气的神色，小君马上说，碎碎平安，岁岁平安，小墩儿真应景。

大家都乐了。

余叔叔说，大寒节气其实对人是有要求的，它最忌轻浮折腾，它不是不允许人们行动，而是要人有很好的应变能力，处变不惊。

大寒之动

小君说，大寒节气是在考验人吗？

爸爸说，当然了。我小时候生活在四川农村，大寒节气里，父母既期盼又认真，农活、家务、照顾牲畜，样样都要做好。几乎把过年前的各项工作都当作修行。

余叔叔说，这个话好，大寒节气是在修行，考验人的身和意。我们说过眼耳鼻舌身意，身心在这个时候最能见出分量。就像这个时候的梅花，在万物凋零的时候反而活出了自己，活出了顶礼天地的芳香，古人说，**梅香出自苦寒来**。

余叔叔最后说，大寒节气固然天寒地冻，但人们却已经在动了，人人都在动，走动、劳动、响动，赶年集、买年货，写春联，准备各种祭祀供品，扫尘洁物，除旧布新，准备年货，腌制各种腊肠、腊肉，或煎炸烹制鸡鸭鱼肉等各种年肴。这些动作，既是因为过年，也是为了迎接新的生活，更是为了向先人、向天地交一份答卷。所以这些动作要真诚，要庄重，要喜庆，要热烈，这样才能对得起天地和先人，也对得起自己。